こどもが学べる
地球の歴史
ふしぎな化石図鑑

泉賢太郎 ＋ 井上ミノル 著

　化石と聞いて、何を思いうかべるでしょうか？　恐竜やアンモナイトあたりはとくに有名なので、知っている人も多いかもしれません。でもじつは、（鳥類をのぞく）恐竜も、アンモナイトも、遠い昔に絶滅してしまったのです。

　それにもかかわらず、身のまわりにはさまざまな"恐竜"があふれています。衣服やおもちゃやアニメーションなどで、かわいらしい恐竜のイラストを目にすることは多いと思います。はたまた、まるで本物のような迫力のある恐竜のイラストも見たことがあるかもしれません。

　……でも、ずっと昔に絶滅してしまった生き物なのに、恐竜の姿がどうしてわかるのでしょうか？　そもそも、過去に恐竜が生きていたということすら、どのようにして知るのでしょうか？

　これらの問いに答えてくれるのが、化石です。化石とは、地層中に残された昔の生き物（＝古生物）の痕跡です。化石はまさに、古生物の姿や暮らしの語り部のような存在です。

　先ほども書いたように、恐竜などの古生物は、ある意味では私たちの日常生活でも"身近"な存在です。しかし、古生物の語り部である化石についてはどうでしょうか？　恐竜やアンモナイトについては知っていても、恐竜やアンモナイトの化石の実

物を実際に見たことがある人は少ないかもしれません。化石はどうやら、身近な存在ではないようです。本書は、「そんな化石について、もっと親しんでほしい！」という思いで書きました。

　意識さえしていれば、化石は思いのほか、身近な場所でも見つかります。恐竜の骨となると、どこででもというわけにいきませんが、貝やアンモナイトの化石は建物に使われている石材などにもよく見られます。それに、化石は死んだ生き物の体とはかぎりません。足跡や巣穴、はてはウンチまで！　生き物の生きた痕跡がさまざまな形で化石になって残っているのです。

　しかし化石を見つけただけでは、そこに化石があることがわかるだけで、姿や暮らしなどの“古生物像”はわかりません。化石を丹念に研究することで初めて、古生物についてくわしく知ることができるのです。

　化石を研究する学問は古生物学とよばれます。化石を通して古生物を知ることが目的だからこそ、化石学ではなくて古生物学なのです。化石発掘のイメージが強い古生物学ですが、実際の研究方法は多岐にわたります。本書では、そんな古生物学の研究現場のようすもかいま見ていただけるように心がけました。

　さあ、本書を通して、化石を知り、古生物学の世界に触れる旅に出かけましょう！

泉賢太郎

目次
もくじ

はじめに …… 2

第1章 古生物って何だろう …… 9
だい　しょう　こせいぶつ　　　　なん

古生物図鑑
こせいぶつずかん

- アロサウルス …… 20
- ステゴサウルス …… 21
- アーケオプテリクス（始祖鳥）…… 22
しそちょう
- ケツァルコアトルス …… 23
- ティラノサウルス …… 24

- トリケラトプス …… 25
- スピノサウルス …… 26
- アルゼンチノサウルス …… 27
- フタバサウルス …… 28

- モササウルス …… 29
- アノマロカリス …… 30
- ハルキゲニア …… 31
- ダンクルオステウス …… 32

- メガネウラ …… 33

ヘリコプリオン …… 34

ティタノボア …… 35

パラケラテリウム …… 36

ジョセフォアルティガシア …… 37

スミロドン …… 38

ケナガマンモス …… 39

《コラム》地球の歴史「地質年代」① …… 40

第2章 体化石と生痕化石 …… 41

生痕化石図鑑

恐竜の足跡化石 …… 50

カブトガニの足跡化石 …… 51

三葉虫の這い跡化石 …… 52

ブンブクウニの這い跡化石 …… 53

二枚貝の這い跡化石 …… 54

甲殻類の巣穴化石 …… 55

トビエイの食べ跡化石 …… 56

脊椎動物のウンチ化石 …… 57

アンモナイトのウンチ化石 …… 58

ボネリムシ類のウンチ化石 …… 59
多毛類のウンチ化石 …… 60

生痕化石観察スポット
塩浦海水浴場（千葉県南房総市）…… 61
キラメッセ室戸周辺（高知県室戸市）…… 62
チバニアンの模式地（千葉県市原市）…… 63

第3章 化石のでき方 …… 65

《コラム》いつから「化石」で、どこまで「遺骸」？ …… 72

第4章 地球の活動と化石 …… 73

《コラム》地球の歴史「地質年代」② …… 86

第5章 研究室に行ってみよう …… 87

も〜っとよくわかる化石を見るポイント
解説パネルに注目！ …… 100
実物かレプリカか？ …… 101
標本は整理が命！ …… 101

化石のクリーニング …… 102
化石から推測する古生物の姿 …… 102
博物館のバックヤード …… 103
化石標本の保管 …… 103

古生物学者に聞いてみよう！Q&A

どうすれば古生物学者になれますか？ …… 104
古生物の研究をするためには、
どんな勉強をがんばればいいですか？ …… 105
勉強以外に、できることはないの？ …… 105
生痕化石は、どの地層でも見つかるの？ …… 106
化石を見つけたら、持って帰ってもいいの？ …… 106
化石の観察や発掘体験できる場所が
近くにありません …… 107
自分の足跡も生痕化石として残せますか？ …… 107

参考図書・ウェブサイト
図版クレジット …… 108
おわりに …… 109

凡例

●お借りした掲載写真・図版の出典は、キャプションもしくは108ページのクレジット欄にて示しています。記載のないものは著者が撮影・作成したものです。

●本文には、原則として小学校2年生以上で学ぶおもな漢字について、各項目の初出にふりがなを振りました。ただし、一部のキャプションや第2章のアクセス情報などについては割愛しました。

●本書の内容は2024年8月時点のものです。紹介している観察スポット情報等は変更になることがありますので、かならず事前にお調べください。

●こどもと一緒に観察しやすい場所を紹介していますが、岩場にはごつごつして危険なところや、すべりやすい場所も多くあります。また、急に水位が変化することもあります。かならず大人と一緒に出かけ、安全には十分に気をつけましょう。

第1章

古生物って何だろう

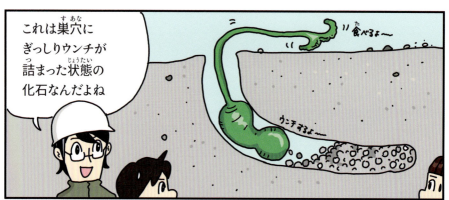

地球の歴史を見てみよう

これは地質年代表といって、地球が誕生してから現在までの歴史を「地質年代」で表したものです。地質年代とは、岩石や地面の層の中にふくまれる成分や化石によって、その岩石がいつできたかを調べて分けた時代のことです。

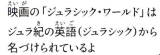

2億年前には恐竜がいたんだね！ ジュラ紀って言うのね！

映画の「ジュラシック・ワールド」はジュラ紀の英語（ジュラシック）から名づけられているよ

さっきのボネリムシの仲間はこのあたり

人類が栄える
繰り返す氷期と間氷期

人類が現れる（約700万年前）

哺乳類が栄える

被子植物が現れる
白亜紀末に恐竜や翼竜、多くの海洋生物が大量絶滅

恐竜類の多様化、鳥類が現れる

恐竜時代の幕開け、海の生態系の回復

爬虫類が栄える、ペルム紀末に史上最大規模の大量絶滅

爬虫類が現れる、裸子植物が栄えて大気中の酸素が増える、陸上の節足動物の巨大化

魚類が栄える、両生類の陸上進出

海では無脊椎動物が急速に復活、陸上では植物が多様化しはじめる

植物が初めて陸上に進出、オルドビス紀末には大量絶滅が起こる

カンブリア爆発が起こる、無脊椎動物が海中で栄える

真核生物が生まれる（約21億年前）
大気中の酸素が急激に増える（約22億年前）

大陸ができる（約35億年前）
最初の生命が生まれる（約39.5億年前）

原始海洋ができる（〜約40億年前）

あっ！アンモナイトだ

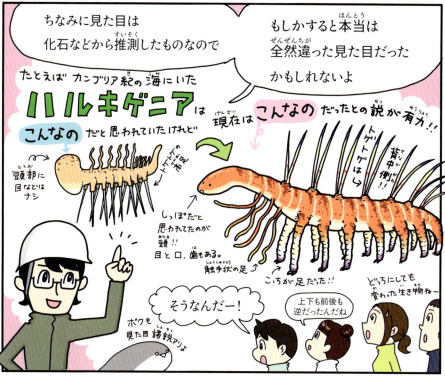

アロサウルス

身長130cmの
ぼくと並ぶと
これくらい！

時代	中生代ジュラ紀後期 （約1億5600万〜1億4900万年前）
種類	獣脚類の恐竜
大きさ	全長は8〜12メートル、 体重は2〜3トン

　アロサウルスの化石は、アメリカ・ユタ州のモリソン層とよばれる地層からよく発見されている。とくに恐竜の化石が密集して発見されるところは「ボーン・ベッド（骨の層）」とよばれ、これまでに少なくとも46体のアロサウルスの骨格が発見された。ジュラ紀に生息していた肉食恐竜の中では最大の大きさ。ナイフのような鋭い歯がならんでおり、頭蓋骨の化石に見られる筋肉のついていた跡の観察から、あごの力は強く、獲物に上あごをたたきつけるようにして攻撃していただろうと考えられている。

　かつてはティラノサウルスをもこえる認知度をほこり、肉食恐竜の代表として、怪獣のモチーフにもなったようだ。1964年に上野の国立科学博物館に展示されたアロサウルスの復元骨格は、日本で初めて展示された恐竜の復元骨格である。

国立科学博物館に展示されているアロサウルス

古生物図鑑

ステゴサウルス

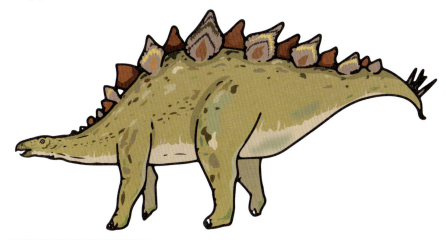

時代	中生代ジュラ紀後期 （約1億5600万〜1億4900万年前）
種類	装盾類の恐竜
大きさ	全長は約6m、体重は約2トン

アメリカ・ユタ州のモリソン層をはじめ、ポルトガルのジュラ紀後期の地層からも発見されているため、当時は広く分布していたものと考えられる。

背中に大きな皮骨のプレートが、尾にはスパイクが並んでいる、とても特徴的な外形をしている。プレートは60cmを超える巨大なものもあったようだ。プレートの表面は角質でおおわれていたらしく、種によって形や枚数が異なる。

プレートには、ほかの動物をおどかしたり、体温を調節するのを助けたりする役割があったと考えられている。口先には角質のくちばしがあったようで、奥歯が小さいのも特徴。植物食の恐竜だが、実際にどのように植物を食べていたのかについてはまだ謎が残されている。

国立科学博物館に展示されているステゴサウルス

21

古生物図鑑

アーケオプテリクス
（始祖鳥）

時代	中生代ジュラ紀後期（約1億5000万年前）
種類	広義の鳥類
大きさ	全長は約30cm、体重は300〜500g

　化石の産地として有名なドイツのゾルンホーフェン石灰岩から状態のよい化石が見つかっている。これまでに発見された標本はわずか11体と1枚の羽毛だけだが、もっとも有名な古生物の一つといえるだろう。ただし今でも始祖鳥の系統的な位置づけについては議論が続いている。広い意味での鳥類だろうという意見が一般的だが、ドロマエオサウルス類などの恐竜に近いという別の考えもある。
　頭は小さく尾が長い外形をしており、あごにはとがった歯が並んでいた。飛行能力についても長年議論されてきた。羽ばたき飛行は苦手だったが、短い距離を滑空飛行（羽を伸ばしたまま飛ぶこと）はできた可能性が高い。

アーケオプテリクスの標本
（ドイツ・ゾルンホーフェン博物館）

古生物図鑑

ケツァルコアトルス

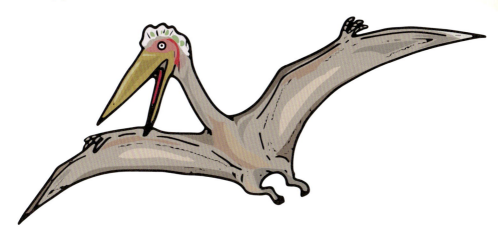

時代	中生代白亜紀後期 （約6800万〜6600万年前）
種類	翼竜類
大きさ	全長は約7.5m、 翼開長は10〜12m、体重は約150 kg(!)

アメリカのテキサス州のビッグベンド国立公園で化石が発見されている。史上最大の翼竜として有名である。首が非常に長く、尾は短く退化していたらしい。頭部にはトサカがあり、オスとメスで大きさが異なっていた可能性が指摘されている。

ケツァルコアトルスが飛べたかどうかについては議論が続いている。体重が重すぎて飛べなかったという意見もあるいっぽうで、骨が非常に軽かったので飛べただろうという見解もある。

ケツァルコアトルスの標本
（ドイツ・ゼンケンベルク自然博物館）

23

ティラノサウルス

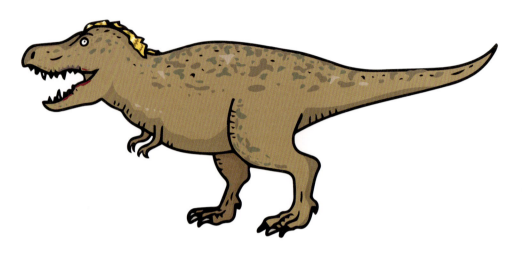

時代	中生代白亜紀後期（約6800万〜6600万年前）
種類	獣脚類の恐竜
大きさ	全長は約12m、体重は約6.6トン

言わずと知れた古生物界のスーパースター！ 有名な古生物学者であったオズボーンの指令を受けた2名の化石ハンターによって、1902年にアメリカのモンタナ州の地層から発見された。

史上最大級の陸生肉食動物で、がっしりとした体格と、短い前脚が特徴である。ほかの獣脚類とくらべると眼は前方についており、ものを立体的に見ることができたと考えられている。嗅覚もするどかったとみられ、とらえた獲物を強力なあごと歯で骨ごとかみくだいて食べていたようだ。また、背中の一部には羽毛が生えていたと考えられている。

ティラノサウルスの標本（福井県立恐竜博物館）

古生物図鑑

トリケラトプス

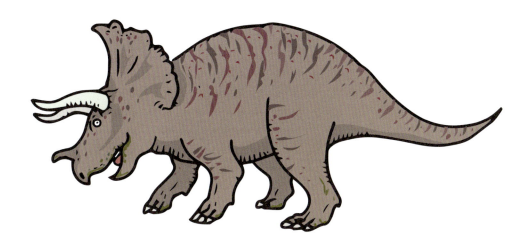

時代	中生代白亜紀後期（約6800万〜6600万年前）
種類	鳥盤類の恐竜
大きさ	全長は約9m、体重は約4.5〜10トン

　ティラノサウルスと並んで圧倒的な人気と知名度をほこる恐竜。アメリカのコロラド州やモンタナ州の地層から化石が発見されている。
　頭部に生えた３本の角と大きなフリルが特徴である。とくに、眼の上にある２本の角は、長いと１mを超えることもある。また、上下のあごの先端部にはクチバシがあり、植物を細かくかみくだいて食べていたようだ。頭部のフリルは、ティラノサウルスにかみちぎられた後に治った痕跡が残っている化石も発見されている。

国立科学博物館に展示されているトリケラトプス

古生物図鑑

スピノサウルス

時代	中生代白亜紀後期（約9800万～9400万年前）
種類	獣脚類の恐竜
大きさ	全長は約15～18m、体重は約7.1トン

ティラノサウルスと並んで史上最大級の陸生肉食動物であるが、全体的にスリムな体形をしていたようだ。エジプトやモロッコの地層から化石が発見されている。

背中にある大きな帆が特徴的だ。歯は魚食性のワニとよく似た形であることから、魚を食べていたことは確実だと考えられている。さらに後ろ脚が短く、鼻先が長いという特徴も合わせると、水中で生活する時間も長かったようだ。いっぽうで、どの程度活発に水中を泳ぐことができたかについては、今でもなお意見が分かれている。

スピノサウルスの標本（Picture alliance/アフロ）

古生物図鑑

アルゼンチノサウルス

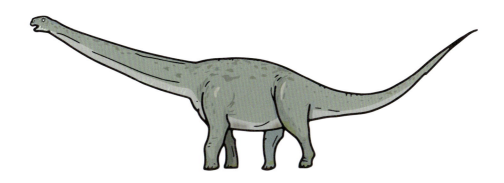

時代	中生代白亜紀後期 （約9300万～8900万年前）
種類	竜脚類の恐竜
大きさ	全長は約30m、 体重は約96トン

　史上もっとも重い恐竜として知られている。名前のとおり、アルゼンチンの地層から化石が見つかっている。体の大きさについては、同じアルゼンチンの地層から発見されているパタゴティタンという竜脚類の恐竜の方が大きいとされているが、体長の推定値に対しては異論もあり、今後の研究が待たれる。

　見つかっている化石の部位は断片的であるが、断面の直径が1.5mを超える脊椎骨もあることからも、その圧倒的なサイズ感がうかがえる。

アルゼンチノサウルスの標本（アメリカ・ファーンバンク博物館、ロイター/アフロ）

フタバサウルス

時代（じだい）	中生代白亜紀後期（約8600万〜8400万年前）
種類（しゅるい）	首長竜（くびながりゅう）
大きさ（おおきさ）	全長は約7mとされているが、くわしい大きさはわからない

「フタバスズキリュウ」の愛称で知られている。1968年に化石好きの高校生が福島県の地層から化石を発見し、大きな話題となった。『ドラえもん』のマンガや映画にも、「ピー助」と名づけられたフタバスズキリュウの子どもが登場する。ただし、この首長竜の化石の本格的な研究が始まったのは2003年になってからであった。2006年の学術論文で「フタバサウルス・スズキイ」という正式な学名が記載された。

フタバサウルスの化石とともに80本以上のネズミザメ類の歯の化石が見つかり、そのうちの数本は骨につきささった状態であった。このことから、サメに襲われた個体が化石化したと考えられている。

国立科学博物館に展示されているフタバサウルス

古生物図鑑

モササウルス

時代	中生代白亜紀後期 （約8300万〜6600万年前）
種類	モササウルス類
大きさ	全長は約12.5〜18m、 体重は約40トン

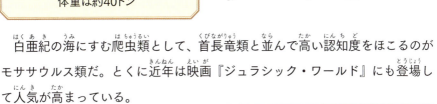

　白亜紀の海にすむ爬虫類として、首長竜類と並んで高い認知度をほこるのがモササウルス類だ。とくに近年は映画『ジュラシック・ワールド』にも登場して人気が高まっている。
　オランダなどの白亜紀後期の地層から化石が発見されている。流線型の体形と、長くて平たい尾びれが特徴的だ。ひし形のうろこで全身がおおわれていた。口を閉じると上あごと下あごの歯がかみ合うのは、肉食恐竜とは異なる特徴である。

モササウルスの標本（AP/アフロ）

古生物
図鑑

アノマロカリス

時代	古生代カンブリア紀 （約5億1800万～4億9900万年前）
種類	ラディオドンタ類 （節足動物の絶滅した系統）
大きさ	全長は最大で約1m

　カナダのバージェス頁岩とよばれる地層から化石が見つかっている。カンブリア紀の古生物は、現在の生き物とくらべるとユニークで変わった形をしているものが多く、アノマロカリスもその代表格である。

　カンブリア紀の古生物の中ではとても大型であった。泳ぎが上手だったようで、頭部の2本の触手を使って、三葉虫などほかの動物を食べていたと考えられている。触手や口や胴体の部分だけの化石も見つかっており、研究の初期段階ではそれぞれ、エビの仲間、クラゲの仲間、ナマコの仲間だと考えられていた。その後、それぞれの部分がそろった状態の化石が見つかり、アノマロカリスの全体像の理解につながった。

アノマロカリスのうでの標本（蒲郡市生命の海科学館）

古生物図鑑

ハルキゲニア

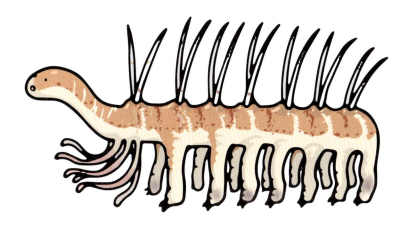

時代	古生代カンブリア紀 （約5億2100万〜5億500万年前）
種類	不明
大きさ	全長は約1〜5cm

ぼくの手とくらべるとこれくらい！

　ハルキゲニアは非常にふしぎな外形をしたカンブリア紀の古生物で、その分類についてはよくわかっていない。カナダのバージェス頁岩から化石が見つかっており、アノマロカリスとならんで最も有名なカンブリア紀の古生物である。

　背中側には7対（14本）のトゲが並び、腹側には10対（20本）の脚があった。前側3対の脚はほかの脚と形が異なるため、ものを食べるときなどに使っていたと考えられている。研究の初期段階での生体想像図は上下が逆さまだった。その後修正されたが、今度は前後が逆さまの姿として描かれていた。そして最終的には、今のような生体想像図にいたっている。

ハルキゲニアの標本

31

ダンクルオステウス

時代	古生代デボン紀後期（約3億8200万〜3億5800万年前）
種類	板皮類の魚類
大きさ	全長は約6m（諸説あり）

　デボン紀は「魚類の時代」と言われるほど、さまざまな系統の魚類が栄えた。ダンクルオステウスはデボン紀当時では最大級の魚類で、見た目のカッコよさもあいまって、人気古生物の常連である。

　化石は北アメリカやポーランドなどのデボン紀後期の地層から発見されている。頭部は厚い骨板でおおわれており、あごの力が非常に強かったようだ。

　全長の見積もりは研究によってばらつきがある。大きめの推定値では、最大9m近くに達したという説もあるが、近年の見解ではもう少し小さかっただろうと考えられている。

ダンクルオステウスの頭部の標本
（アメリカ・オクラホマ自然史博物館）

古生物図鑑

メガネウラ

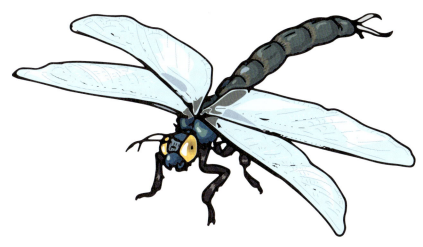

時代	古生代石炭紀(約3億年前)
種類	昆虫類(トンボの仲間)
大きさ	翅を広げたときの長さは約60〜70cm

史上最大の飛翔性(飛ぶことができる)昆虫。フランスの地層から化石が発見されている。

メガネウラにかぎらず、石炭紀には巨大な節足動物(昆虫やヤスデなど)の化石が発見されている。これは大気中の酸素の濃度が関係しているようだ。

昆虫は、気門(空気穴)で取り入れられた酸素が気管を通じて細胞に送られるので、大きくなりすぎると十分な量の酸素が体にゆきわたらなくなる。しかし、石炭紀には現在よりも大気中の酸素濃度がはるかに高かったので、メガネウラのような巨大な昆虫も生息できたと考えられている。

国立科学博物館に展示されているメガネウラ

ヘリコプリオン

時代	古生代ペルム紀 （約2億9000万〜2億7000万年前）
種類	魚類（サメの仲間）
大きさ	全長は約5.5 m

とてもふしぎな歯を持つサメの仲間。世界各地のペルム紀の地層から化石が見つかっている。

その特徴的な歯の化石を見ると、100個以上の歯がうずまきのような形に配置されている。えさを口のおくに運ぶのに役立っていたようだ。

ほかのサメとは異なり、新しい歯が生えた後も古い歯はぬけ落ちることはなかった。

ヘリコプリオンの歯の標本（福井県立恐竜博物館）

古生物図鑑

ティタノボア

時代	新生代古第三紀（約6000万〜5800万年前）
種類	爬虫類（ヘビの仲間）
大きさ	全長は約13m、体重は1トン以上

史上最大のヘビの仲間として知られている。アメリカやコロンビアの古第三紀の地層から化石が見つかっている。

最大の特徴は、その巨大なサイズである。ヘビの仲間は変温動物なので、大型の種類はあたたかい環境でなければ生息できないと考えられている。実際にティタノボアが生息していた年代は現在よりもずっとあたたかかったことが、古気候学的な研究からわかっている。

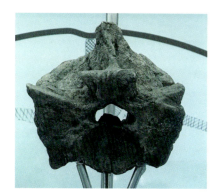

ティタノボアの脊椎標本
（コロンビア・ホセ・ロヨ＆ゴメス地質博物館）

※古気候学…過去の降水量や気温など、古い時代の気候状態を研究する学問

古生物図鑑

パラケラテリウム

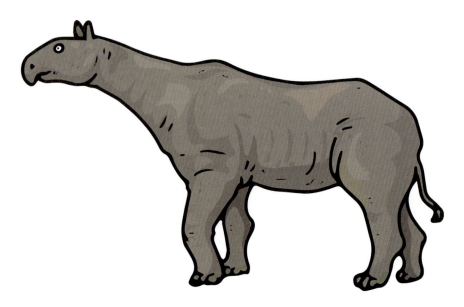

時代	新生代古第三紀(約3400万〜2400万年前)
種類	哺乳類(サイの仲間)
大きさ	肩までの高さは約5m

陸にすむ哺乳類の中では史上最大の大きさであった。アジアの古第三紀の地層から化石が見つかっており、ユーラシアの広い範囲に生息していたようだ。

首と脚が長く、体は大きいわりには走るのが速かったと考えられている。サイの仲間ではあるが、鼻の骨が細くて長く、角を支えるには弱すぎると思われるため、角はなかっただろうと考えられている。

国立科学博物館に展示されているパラケラテリウム

ジョセフォアルティガシア

時代	新生代新第三紀〜第四紀（約300万〜200万年前）
種類	哺乳類（ネズミの仲間）
大きさ	体長は約3m、体重は1トン以上

　史上最大のネズミの仲間。ウルグアイの新第三紀の地層から化石が見つかっている。ジョセフォアルティガシアという名前は、ウルグアイの英雄ホセ・ヘルバシオ・アルティガスに由来する。

　現在生きているネズミの仲間（げっ歯類）で最大のものはカピバラである。ジョセフォアルティガシアはカピバラよりもはるかに大きかった。ただしその体重については、いくつかの仮説がある。1トンを超えていたかもしれないという見積りもあるいっぽう、500kg程度であったとする研究もある。

ジョセフォアルティガシアの頭部の標本
（Andres Rinderknecht）

37

古生物図鑑

スミロドン

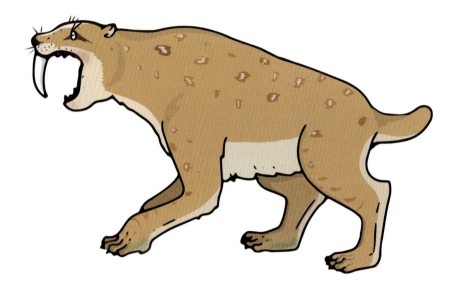

時代	新生代第四紀(約250万〜1万年前)
種類	哺乳類(ネコの仲間)
大きさ	体長は約2m

サーベルタイガーとよばれる、絶滅したネコの仲間。南北アメリカ大陸に生息していた。2000体以上という、非常に多くの化石が見つかっている

最大の特徴は、するどくて長い2本の牙である。力強くてがっしりとした前脚も目を引く。この前脚を使って獲物を攻撃し、2本の牙を獲物にくいこませて食べていたようだ。

国立科学博物館に展示されているスミロドン

ケナガマンモス

時代	新生代第四紀(約15万〜4500年前)
種類	哺乳類(ゾウの仲間)
大きさ	肩までの高さは約3.5m

マンモスの仲間には何種類かいたが、もっとも有名なマンモスといえばこのケナガマンモスだろう。ユーラシア大陸の広い範囲や北アメリカ大陸に生息していた。日本の北海道からも化石が見つかっている。また、シベリアからは永久凍土の中に保存された状態のよい化石標本がたくさん発見されている。

体は長い毛でおおわれており、寒冷な環境に適応していた。牙は長いもので4m以上もあったようだ。温暖化と人類による狩猟の影響もあいまって絶滅してしまったと考えられている。

ケナガマンモスの標本
(ドイツ・ジークスドルフマンモス博物館)

地球の歴史「地質年代」①

　地球ができたのは、今から約46億年前のことと考えられています。地球は非常に長い歴史をもつので、過去のできごとについて話したいときに「今から約183,000,000年前くらいには……」と、毎回数字で表現すると混乱してしまいます。

　そのため古生物学をはじめ地球科学の分野では、「地質年代」をもちいて、地球の歴史を区分しています。

　地質年代のうちもっとも大きな区分は、「先カンブリア時代」と「顕生代」という2つの区切りで、それぞれ地球の歴史の前半と後半にあたります。

　地球史の後半、顕生代は「生命の痕跡が顕著な（はっきりしている）時代」という意味で、地層の中からさまざまな種類の化石が多く産出するようになります。

　地球史の前半にあたる時代は、カンブリア紀よりも前の時代という意味で、先カンブリア時代とよばれています。先カンブリア時代にできた地層中からは肉眼で見えるような大型の化石が見つかることはほとんどありません。

　多様な生き物が登場した顕生代は、地球の歴史全体と比べるとわずか10分の1ほどしかありませんが、それでも人類の歴史と比べてずっと長いため、さらにいくつかの地質年代に分けられています。

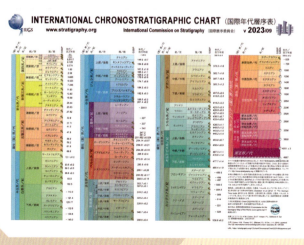

地質年代は、このように細かく分けられているんだ。これは世界共通の地質年表で、それぞれの年代の色もきちんと決められているんだよ

（日本地質学会HPより）

第2章

体化石と生痕化石

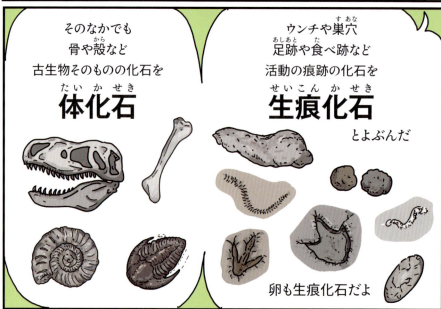

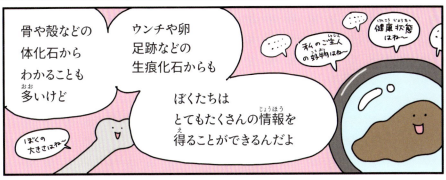

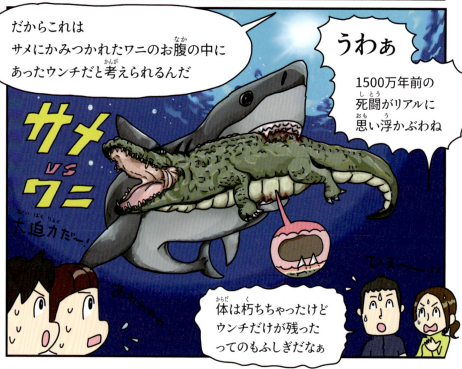

生痕化石図鑑

恐竜の足跡化石

アメリカで見つかった竜脚類の足跡化石が残る地層（スペイン・アストゥリアス）

　生痕化石のなかでも、代表的なものは恐竜の足跡の化石です。竜脚類や獣脚類など、これまでに、さまざまな種類の恐竜の足跡の化石が見つかっています。

　もっとも有名な恐竜であるティラノサウルスの足跡の化石も知られています。

　日本でも、群馬県・福井県・石川県・富山県などの地層から、獣脚類や竜脚類、鳥脚類などさまざまな恐竜の足跡の化石が見つかっています。最近では、福井県勝山市の地層からデイノニコサウルスの足跡化石が発見されて話題になりました。

福井県勝山市で見つかったデイノニコサウルスの足跡化石（福井県立恐竜博物館）

カブトガニの足跡化石

生痕化石図鑑

カブトガニのデス・マーチの化石（ドイツ・ゼンケンベルク自然史博物館）

　足跡を残す生き物は、何も恐竜だけではありません。有名な標本が、ドイツ・フランクフルトのゼンケンベルク自然史博物館に展示されています。それは、カブトガニの足跡化石です。この標本のすごいところは、足跡と一緒に、その足跡をつけたカブトガニの体化石も地層中に残されているという点です。
　生痕化石は、それを形成した生き物がわからないことが多いのですが、この標本は奇跡的に、生痕化石とそれを形成した生物個体がセットで残されていました。じつは、川や波に流されたり地すべりが起きたり、生き物が死んだ場所と化石になる場所は違うことがほとんどなのです。しかしこの化石をよく観察すると、カブトガニの後ろには足跡が見られますが、前方には残っていません。つまり、カブトガニが死亡する直前の行動が保存されている、めずらしい化石なのです。そのため、この標本には「死の行進（デス・マーチ）」という何とも恐ろしいニックネームがついています。

51

三葉虫の這い跡化石

生痕化石図鑑

三葉虫のものと思われる這い跡化石（産地不明、スペインの博物館にて撮影）

　古生代の示準化石（→84ページ参照）としても使われる三葉虫ですが、体化石だけではなく、這い跡の化石もたくさん見つかっています。

　三葉虫は、海底の砂に体を半分ほどうずめながら這い回っていたようです。中には、地層の表面が一面、三葉虫の這い跡の化石だらけというものも見つかっており、海底を縦横無尽に移動していたようすがうかがえます。

　三葉虫の体のつくりを反映して、這い跡の化石も、まるで縄文土器の模様のようなユニークな形をしています。

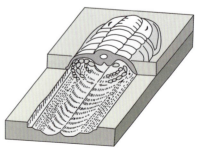

三葉虫の足跡のでき方（泉, 2017をもとに作成）

52

ブンブクウニの這い跡化石

生痕化石図鑑

ブンブクウニの這い跡化石（神奈川県城ヶ島）

　三葉虫以外でも、這い跡の化石はたくさん見つかっています。ここでは、ブンブクウニ類の這い跡の化石を紹介します。
　ブンブクウニ類は名前のとおりウニの仲間ですが、平べったい形をしており、食用のウニではありません。ただしウニの仲間のなかでは、もっとも種の数が多いグループです。
　そんなブンブクウニ類の這い跡の化石は非常に特徴的で、まるで丸カッコの片方をたくさん並べたような形「)))」に見えます。
　この丸カッコのような半円の跡はブンブクウニの後方に残るものと考えられているため、じつはこの化石の形からブンブクウニの移動方向がわかるのです。

53

二枚貝の這い跡化石

生痕化石図鑑

くっきりと残る二枚貝の這い跡化石（高知県室戸市）

　アサリやムール貝など、食卓でもおなじみの二枚貝類。二枚貝は硬い場所に付着していたり、砂の中に潜っていたりと、活発に動き回るようなイメージが無いかもしれません。しかし海底に生息している二枚貝類は、ときに砂や泥に身をうずめながらもあちこちに動き回ることがあります。

　そのときにできた這い跡が、生痕化石として地層中に残されることもあるのです。とくにこの写真の生痕化石は、這い跡の細かい模様まで残っていて、状態のよい標本です。

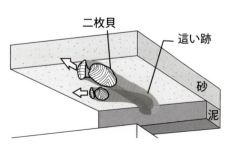

二枚貝の移動と這い跡化石のでき方
（Nara & Ikari, 2011をもとに作成）

54

甲殻類の巣穴化石

生痕化石図鑑

地層面にびっしりと見られる甲殻類の巣穴化石（カナダ・ニューファンドランド）

　生痕化石の中でもっともたくさん見つかるものは、おそらく海の無脊椎動物の巣穴の化石だと思われます。中でもとくに、多毛類（ゴカイの仲間）と甲殻類（エビやカニの仲間）の巣穴の化石が、日ごろ地層のフィールドワークでもよく目にするツートップです。

　海底の砂や泥の中に巣穴を掘って生息している甲殻類の中には、体の大きさからは想像できないほど大きな巣穴をつくるものもいます。たとえばアナジャコという甲殻類は、大きくても大人の手のひらに乗るくらいのサイズですが、なんと2mもの深さの巣穴を掘ることが知られています。

　このような甲殻類の巣穴の一部は、化石として地層中に残されます。場合によっては、地層の表面が甲殻類の巣穴の化石だらけということもあります。

干潟（ひがた）一面に見られるミナミコメツキガニの巣穴（沖縄県西表島）

55

トビエイの食べ跡化石

生痕化石図鑑

エイ類の食べ跡の化石（高知県土佐清水市）

　エイの仲間は、水族館でもおなじみの人気者です。一部のエイは、エサを食べるときに海底の砂に触れた状態で、海底に向かって海水を噴射して砂を巻き上げ、洗い出されてしまった多毛類や甲殻類を食べることが知られています。

　海底に向かって海水を噴射すると、ボウル状の特徴的なくぼみができて、その中にかき混ぜられた砂がたまります。このような構造が地層中にも残されていることがあります。こうした食事の跡の化石は「摂食痕」とよばれています。

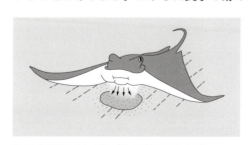

　まれに、くぼみの中に甲殻類の巣穴化石の断片が残されていることもあるようです。おそらくエイに食べられてしまった甲殻類の巣穴でしょう。

エイの食事風景イメージ図（泉, 2017を参考に作成）

56

生痕化石図鑑

脊椎動物のウンチ化石

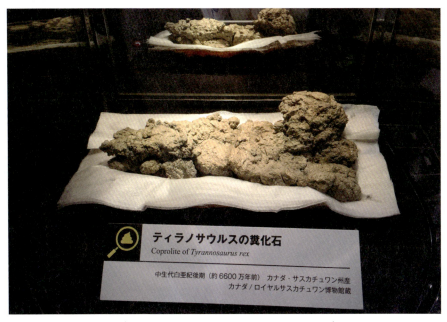

ティラノサウルスのウンチ化石（カナダ・ロイヤルサスカチュワン博物館蔵、西本昌司氏提供）

　多くの脊椎動物のウンチは、おもに水と有機物（消化されなかった食べ物のかすや、はがれた腸の粘膜、腸内細菌など）でできています。有機物は通常はすぐにバクテリアによって分解されてしまうので、脊椎動物のウンチが化石として地層中に残されることはきわめてまれです。

　さまざまな条件が奇跡的に重なって、いくつもの化学反応によって有機物が鉱物に変化すると、ウンチ化石となります。

　めずらしいとはいえ、これまでの長い生命進化の歴史の積み重ねがあるので、恐竜や首長竜、哺乳類や魚類など、さまざまな脊椎動物のウンチの化石が見つかっています。

富山県の地層から産出した、首長竜と思われるウンチ化石（左上）のプレパラート。ウンチの中には魚のうろこが入っている（白い部分）。

57

アンモナイトのウンチ化石

生痕化石図鑑

アンモナイトのウンチと考えられている化石（相場大佑氏提供）

　細長いひも状の物体がぐちゃぐちゃっと塊のようにまとまっているものが、アンモナイトのウンチの化石だと考えられています。ドイツのジュラ紀の地層からとくによく見つかり、「ランブリカリア」とよばれています。
　アンモナイト自体は白亜紀末に絶滅してしまいましたが、同じ頭足類で殻の形もよく似ているオウムガイは、今も海に生息しています。そんなオウムガイのウンチの形も、このランブリカリアとよく似ています。さらに、ランブリカリアがよく見つかっているドイツのジュラ紀の地層からは、オウムガイの化石はあまり見つからず、反対にアンモナイトの化石はよく見つかっています。
　これらの証拠から、ランブリカリアがアンモナイトのウンチ化石である可能性は高いだろうと考えられています。なおランブリカリアの中には、浮遊性のウミユリ（ウニやヒトデなどの仲間）の化石がふくまれており、アンモナイトがウミユリを食べていたことが推測されます。

生痕化石図鑑

ボネリムシ類の
ウンチ化石

ボネリムシ類のウンチ化石（千葉県・南房総市）

　泥岩の表面に広がっている白い筋は、深海底の泥の中に巣穴を作って生息していたボネリムシ類（ユムシの仲間）のウンチの化石だと考えられています。より正確には、小さなウンチの粒々が巣穴につまった状態で、本書のマンガにも登場しています（くわしくは本書13～14ページを見てみてね）。

　千葉県・房総半島南部だけでなく、房総半島中央部や神奈川県・三浦半島に分布している地層からも発見されています。

ほかの生き物に食べられた跡が残されているボネリムシ類のウンチ化石
（千葉県・南房総市）

59

多毛類のウンチ化石

生痕化石図鑑

こいグレーの筋や点々が多毛類のウンチ化石（宮城県）。日本全国の地層からよく見つかり、お寺の石材の中に見られることも

ここまでさまざまなウンチ化石を紹介してきましたが、なかには、とっても小さなウンチの化石もあるのです。多毛類のウンチ化石は、幅がわずか1mm程度で、こまかな点々や短いひものような形をしています。これは地層の一断面を観察しているため、実際にはうにょうにょと細長いひも状の形をしているようです。

これは小型の多毛類（ゴカイの仲間）のウンチの化石です。海底の泥の中に生息している多毛類は、前へ進みながら泥を食べ、栄養分だけを体内に取り込んで、不要な部分はその場でウンチとして出してしまいます。こうして、周囲よりも細かい粒が集まった細長いウンチ化石ができたと考えられます。

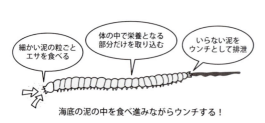

60

生痕化石図鑑

観察スポット①
塩浦海水浴場
（千葉県南房総市）

　房総半島の最南端にほど近い、塩浦海水浴場周辺の岩礁では、たくさんの生痕化石が観察できます。ここには鮮新世という地質年代（約533万3000年〜258万年前）に深海底でできた、白っぽい層と黒っぽい層が交互にくり返している地層が露出しています。マンガ（→13ページ参照）にも登場したボネリムシ類のウンチ化石のほか、ブンブクウニの這い跡化石や多毛類のウンチ化石などが観察できます。

ボネリムシ類のウンチ化石

〈所在地〉
千葉県南房総市白浜町白浜7034地先
〈アクセス〉
富津館山自動車道富浦ICから約21km（約35分）、鉄道ではJR内房線千倉駅から安房白浜行きバス「塩浦」下車、徒歩約5分

生痕化石図鑑

観察スポット②
キラメッセ室戸周辺

(高知県室戸市)

　室戸半島の南部にある道の駅「キラメッセ室戸」の駐車場に、海岸の方へ向かう階段があります。その階段を下りると、目の前には広大な海が広がっています……が、私たちが注目するのは、岩場の方です。

　ここには約4000万〜3500万年前に深海底でできた砂岩層と泥岩層が、交互にくり返している地層が見られます。二枚貝類の這い跡化石、甲殻類の巣穴化石、多毛類のウンチ化石、同じく多毛類のものと思われる巣穴化石など、多くの生痕化石が観察できます。

立体的な巣穴化石。多毛類のものと思われる

〈所在地〉高知県室戸市吉良川町丙890-11
(国道55号線沿い)
〈アクセス〉土佐くろしお鉄道の安芸駅・奈半利駅から高知東部交通バスで、室戸岬・ジオパーク方面行きバスに乗り約40分〜60分

生痕化石
図鑑

観察スポット③
チバニアンの模式地

（千葉県市原市）

　千葉県市原市田淵には世界的に重要な地層が分布しています。2020年1月、千葉の名に由来した地質年代「チバニアン」が正式に承認されたということで話題になりました。地質年代の名称に日本の地名がつくのは地質学の歴史の中でも初めてのことです。

　そのチバニアンの世界基準になっている地層（模式地といいます）が、市原市田淵に分布しているのです。チバニアンビジターセンターから、歩くこと約10分。養老川沿いまで下りてくると、チバニアンの模式地の地層が広がっています。

チバニアンビジターセンター

63

模式地周辺で見られるのは、約77万年前に深海底でできた砂岩層と泥岩層が、交互にくり返している地層です。生痕化石がよく見られるのは、泥岩層の方です。

　川岸付近の泥岩はほどよく濡れており、生痕化石が見やすくなっています。ブンブクウニ類の這い跡化石、甲殻類の巣穴化石、多毛類のウンチ化石など、多くの生痕化石が観察できます。川底の泥岩にも生痕化石がくっきりと見えますが、水位が高かったり、流れが速かったりして危険なので、川の中には立ち入らないようにしましょう。

〈所在地〉
千葉県市原市田淵1157番
〈アクセス〉
小湊鉄道月崎駅より徒歩30分、車では圏央道市原鶴舞ICから約15分

泥岩層の中に見られるブンブクウニの這い跡化石

　生痕化石観察のポイントは、地層の中で、ほかとはちょっと色の異なる部分に注目すること。
そういう部分があったら、図鑑の写真と見比べてみよう。
もちろん、周りと色が違う部分のすべてが生痕化石というわけではないけれど、「もしかして」と思ったものはかならず確認する根気強さも化石観察には大切だよ。

第3章

化石のでき方

どんなウンチが化石になるの？

　脊椎動物（脊椎つまり背骨がある動物）と無脊椎動物（背骨がない動物）とでは、ウンチを作っている物質がちがいます。そのため、化石になるようすも異なります。脊椎動物のウンチは、おもに水と有機物でできています（臭くて柔らかいアレです💩）が、化学反応で鉱物に変化し、化石になります。

　無脊椎動物のウンチはさまざまですが、化石として残りやすいのは海底にすむ生き物のウンチです。彼らの一部は砂や泥ごと飲み込み、養分だけを吸収して不要なものを排泄します。つまり、ウンチがもともと砂や泥からできているのです。

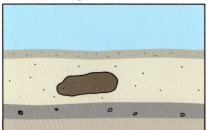

破壊や分解される前に水中の砂にうまってしまったウンチが、長い時間をかけて化学反応を起こし鉱物に変化する。

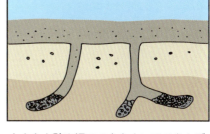

もともと砂や泥でできたウンチであれば、巣穴ごと砂にうまってしまったあと、化石になる。

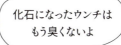

腸の中に残っていたウンチが化石化する。腸の内容物が化石化したものを特にコロライトとよびます。

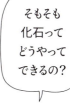

化石になったウンチはもう臭くないよ

そもそも化石ってどうやってできるの？

さっきのワニのウンチ化石みたいなやつだね

化石のでき方

　化石は、最初から博物館や図鑑などで目にするようなきれいな状態で存在しているわけではありません。すべての化石は、もともとは地層の中にうまった状態で入っています。化石が入っている川原の石やビルの石材の由来をたどると、必ず地層に行きつきます。地層の中にふくまれていた化石が、川原の石の場合には地層の一部がはがれ落ちるなどして川下に運ばれたり、あるいは石材の場合には人工的に採掘されて（ときには海をわたって）別の場所に運ばれた結果なのです。

　それでは、なぜ化石は地層の中に入っているのでしょうか？

　　　　　　　　　アンモナイトを例に見てみよう

1　海中で生息していたと考えられているアンモナイトは、死ぬと、いずれ海底に沈んでしまう。沖合の静かな海であっても、じつは砂や泥（土砂）がゆっくりと降り積もっていく。すると、遺骸はじょじょに土砂の中にうまっていく。

2　その過程で、アンモナイトの体の柔らかい部分は微生物によって分解されてしまう。しかし、かたい殻の部分は分解されずに残ることがある。

 土砂がさらに降り積もっていくと、殻の残った部分はどんどん深くうもれていき、強く押されて、圧力や熱を受ける。すると土砂の粒子の間に新たに鉱物ができ、土砂は固まり、岩石となって地層の一部となる。

化石になるまでは長い道のりなんだね

こうやってできるから化石はぜんぶ地層の中にあるんだね
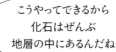

こんなふうに地層ができるとき、中にうもれたアンモナイトの殻が運よく破壊されなかったときだけ、化石として地層中に残ることになるんだ。残った殻も、もともとの成分から変化している場合もあるよ。

もう昔のアタシじゃないのね…

いつから「化石」で、どこまで「遺骸」？

　生き物が死んでしまったあとの体＝「遺骸」は、地面の下にうまってしまったあと、いつから「化石」とよばれるようになるのでしょうか。

　その境界については、古生物学の研究では慣習的に、1万年より古いものを化石とよぶことが多いです。

　こう言うと、「じゃあ9999年前のものは「遺骸」だけど、10001年前のものは「化石」ってこと？」と、たった2年の差で区分が変わってしまうのかと思われるかもしれません。

　しかし1万年前という数字は、実際にはそこまで厳密なデータに基づいて決まっているわけではなく、あくまで慣習的に、ふわっと区別しているということです。

　ものによっては、1万年前より若い年代のものなのに「何百万年も前かのような見た目」をしていることもあれば、反対に状態が非常によければ、かなり古い年代の化石であったとしても「つい最近死んでしまったかのような見た目」のものもあります。

　また、どんな物質で構成されているかという観点も重要です。化石はふつう、生き物が死んでしまってからの経過時間がとても長いので、骨や歯、殻などのかたい組織であっても、砂や泥の中にずっとうまっているあいだに、もとの成分とは異なる成分に変化してしまうことが多いのです。

　たとえば、アンモナイトの殻の成分が変化して、黄鉄鉱という鉱物に置き換わったものもあります。このように鉱物へと成分が変化したものは「化石」で、「遺骸」とよぶことはほとんどありません。

　このように年代以外の要素もからみ合っていて、化石と遺骸の境界問題、イガイと奥が深いのです。

第4章

地球の活動と化石

地球の運動　プレートテクトニクス

なぜ大地が隆起するのでしょうか？　この問題に答えるためには、「プレートテクトニクス」という考え方が必要です。この学説では、「プレート」とよばれる岩盤が、まるでジグソーパズルのように十数枚にも分かれて、地球の表面をおおっていると考えられています。私たちが暮らす陸や海は、そのプレートの上にのっているのです。

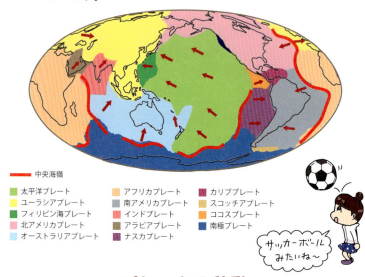

プレートの移動

そしておもしろいことに、それぞれのプレートは少しずつ動いているのです！その移動速度は、最大でも1年間で約10cmという、非常にゆっくりとした動きです。あまりにもゆっくりすぎて、私たちが日常生活でその動きを実感することは難しいでしょう。しかし、そんなわずかな移動でも100万年続いたとすると、なんと100kmも移動することになります。プレートが動くことによって、その上にのっている海底や大陸もゆっくりと移動し続けているのです。

プレートはどこで生まれどこへ行く？

ずっと同じプレートが地球の表面を動いているわけではありません。プレートとプレートの境目では、地球の内部から新しくプレートが生まれたり、また地球の内部へと沈み込んでいったりしています。

中央海嶺とよばれる場所では、地球の内部からマントルの一部が融けた高温の物質がわき出ており、それが冷えて新しい海のプレートになります。いっぽう、海溝とよばれる場所は、海のプレートが陸のプレートの下へともぐり込み、地球の内部へと沈み込んでいきます。

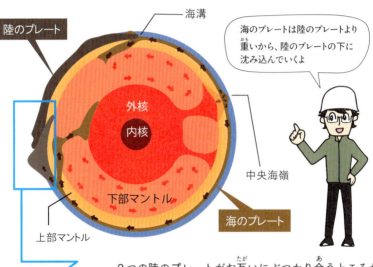

2つの陸のプレートがお互いにぶつかり合うところもあります。そういう場所ではしばしば大きな山脈ができることがあります。エベレストをふくむヒマラヤ山脈もそうしてできたものなのです。

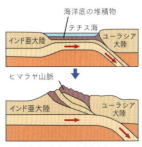

インド亜大陸の北上、および衝突とその断面図

プレートの境目にある日本列島

　今私たちが暮らしている日本列島の周辺には、2つの陸のプレート（ユーラシアプレート、北米プレート）と、2つの海のプレート（太平洋プレート、フィリピン海プレート）、計4つのプレートがあります。

　海のプレートが陸のプレートの下に沈み込む場所の近くでは、沈み込んだプレートによって地球内部に水が持ち込まれ、マントルの一部が融けてマグマになり、火山ができやすくなります。

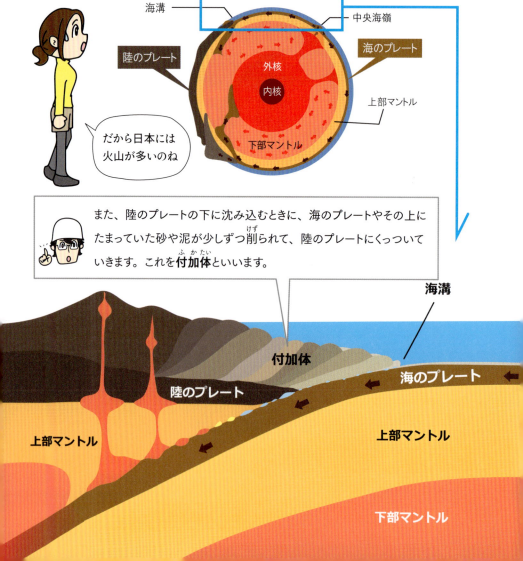

日本列島付近のプレート

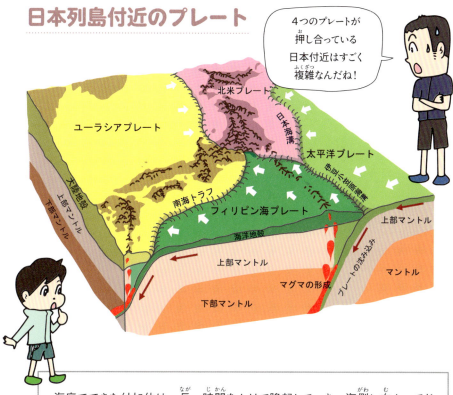

海底でできた付加体は、長い時間をかけて隆起していき、海側に向かってどんどん成長していきます。実際に九州南部や四国南部、紀伊半島南部や房総半島南部には、昔できた付加体が陸上にあらわれているよ。

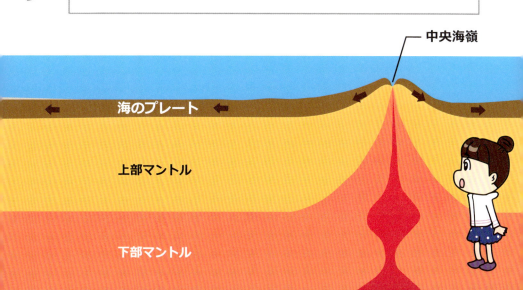

日本列島のなりたち

日本列島の大地をかたちづくっている岩石（がんせき）はどのようなものでしょうか。実は、日本列島のもとになっている岩石のほとんどが「付加体」でできているのです。

（産総研地質調査総合センターHPの図をもとに作成）

示準化石と示相化石

　地球の歴史としくみを教えてくれる地層ですが、岩石そのものを調べてみても、それがいつ頃できた地層なのかを判断することはなかなかできません。そこで活躍するのが化石です。一見何もないように見える地層にも、実は、とても小さな生き物のウンチやプランクトン、花粉などの化石がふくまれていることが多いのです。地層の中の化石を調べることで、その地層がいつできたものか、またそこが当時どんな環境だったのかを知ることができます。

それが見つかることによりその地層の年代を特定することができる化石を **示準化石** といいます。

それが見つかることによりその地層ができた環境を特定することができる化石を **示相化石** といいます。

地球の歴史「地質年代」②

　地質年代の分け方には、時代と時代の区切りを決めるためのいくつかの方法があります。たとえば……

❶ 地球環境が大幅に変わったとき

❷ 目印になる生物が登場した、もしくは絶滅したとき

……というように、地球上に大きな変化があったと考えられる地層で年代が区切られます。

　そして多くの場合、その変化をよく確認できる地層のある場所の地名から、その地質年代名がつけられます。

　地質学はおもにドイツやイギリス、フランスなど西ヨーロッパで発展してきたので、地質年代名の多くもヨーロッパの地名に由来していますが、2020年に日本の地名（千葉）に由来する初の地質年代である「チバニアン期」が正式に承認されました。

　チバニアン期は今から約77万4000年前〜12万9000年前をさす地質年代で、新生代第四紀の更新世をさらに細かく分けた地質年代のうちのひとつです。

チバニアンの始まりを定義している地層
（千葉県市原市）

第5章

研究室に行ってみよう

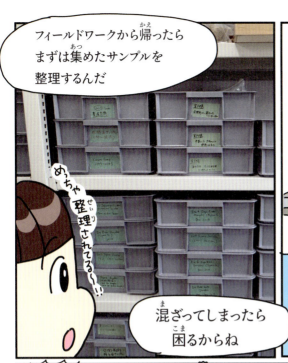

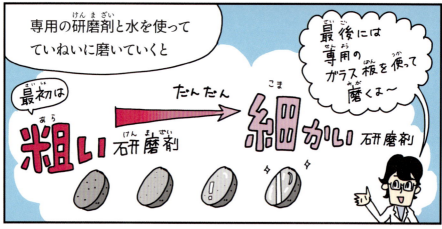

顕微鏡で見るウンチ化石の中身

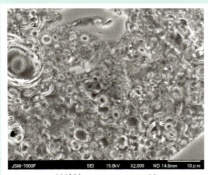
円石藻だらけのウンチの粒

これは第2章で見たものと同じだね

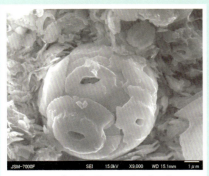
ウンチの粒の中に見られる円石藻の化石

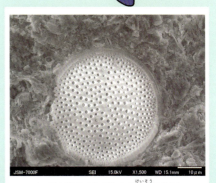
ウンチの粒の中に見られる珪藻の化石

ウンチだけど全部キレイだな〜！

魚のうろこがふくまれている首長竜のウンチ化石（左上）

※いろいろな顕微鏡を使って観察した写真です

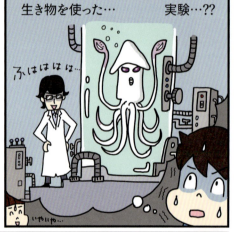

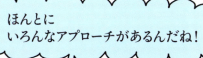

も〜っとよくわかる
化石を見る
ポイント

　ここまで、古生物学者がフィールドや研究室でどんなことをしているかを見ていただきました。実際に生痕化石を観察できるスポットもいくつか紹介しました。けれども、みなさんがもっとも手軽に、なおかつじっくりと化石を観察できるのは、博物館だと思います。

　ここでは、博物館で古生物の化石を観察するときに注目してほしいポイントをおつたえします。きっと今までより何倍も、化石展示を楽しめるようになるでしょう！

解説パネルに注目！

博物館では、標本の近くにある「解説パネル」を探してみよう！その古生物の分類（何の仲間か）や、どこで見つかったか（化石の産地）、生息していた地質年代が書いてあるよ。近い場所に展示されている化石であっても、産地や年代がちがうことも多いんだ。

トゥリブラキディウム
Tribrachidium heraldicum　［レプリカ］
ベンド紀／オーストラリア・エディアカラ

実物かレプリカか？

　じつは、すべての展示標本が実物の化石というわけではないんだ。実物の化石は貴重なので、部屋や建物の移動をくりかえすと破損のリスクもふえるし、あとは重要な発見を世界中の人たちに知ってもらうには数が足りないからね。そのため、博物館などでは「レプリカ標本」とよばれる複製品が展示されていることも多いんだ。

　レプリカ標本は、実物の化石から型取りしたものや、ＣＴスキャンデータをもとに３Ｄプリンタでコピーしたものなど、いろいろな方法で作られているよ。

　実物標本をもとにめんみつに再現されているので、古生物学者もレプリカ標本を使って研究することもめずらしくないんだ。展示においても研究においても、レプリカ標本は大活躍だ！

標本は整理が命！

　博物館などで展示・収蔵されている化石標本には、ひとつひとつに個別の識別番号がつけられているんだ。

　同じ産地から産出した同じ種の化石であっても、まったく同じものはひとつとしてない。だからたとえ見た目がよく似ていたとしても、別々の番号をつけてきちんと管理しているよ。

　研究をするにも展示をするにも、標本の管理は基本中の基本。こうした識別番号は、化石あるいは化石を含む岩石に、油性マジックで直接書き込まれることが多いんだ。展示化石にマジックの書き込みがないか探してみよう！

化石のクリーニング

　博物館や図鑑などで目にする化石標本は、じつはそこにいたるまでにかなり加工されているんだ。もともと化石は地層の中にうまっているので、展示用の標本にするためには、化石のまわりにある岩石を取りのぞいて、化石の形を見やすくしなければならないんだ。この工程は、「化石のクリーニング」とよばれているよ。

　小型のハンマーやタガネ、エアースクライバーといった道具を使って、ていねいに化石のまわりの岩石を取りのぞいていくんだ。根気と時間がかかるけれども、とても重要な作業なんだ。化石の形がよくわかる標本を見たら、しっかりクリーニングされているんだな、と思い出してね。

化石から推測する古生物の姿

　化石は古生物の痕跡ではあるけれど、古生物そのものではないんだ。筋肉や内臓などの分解されやすい器官は化石として残らないことが大半だし、さらに骨や歯の化石だってかならずしも全部がそろって見つかるわけじゃない。一部分しか見つからないことがほとんどだし、いくつかの部分が見つかっても、もとの配置とはバラバラになっていて、どんな生き物か一見わからないことも。

　そのため、見つかった化石からもとの古生物の姿や生態を知るのは至難の業なんだ。それでも、博物館や図鑑などでは古生物の生息時の姿のイラストが随所で見られるね。このようなイラストは「復元図」とよばれていて、化石から得られる限られた証拠と、現在生きている近縁な生き物との比較を頼りに、時間をかけて慎重に描かれているよ。

博物館のバックヤード

　博物館は多くの人に展示を見せて学んでもらう場所だけど、研究機関としての役割もあるんだよ。展示されている標本がすべてではなく、じつはそれ以上にたくさんの標本がバックヤードに収蔵されて、調査研究が続けられているんだ。

　さまざまな種類や産地の化石が収蔵されているので、博物館の学芸員さんだけではなく、大学や研究所など外部の機関に所属する研究者が、特定の標本の観察を目当てに博物館を訪れることもよくあるんだよ。

化石標本の保管

　化石は物質としては鉱物でできているので、一見すると丈夫で、保管も楽ちんそうなイメージがあるかもしれないね。

　とはいえ、配置方法や日差し、温度や湿度などの管理がなされていない劣悪な環境で長年放置していると、劣化してしまう場合があるんだ。

　それに、先ほど説明したように、化石標本は個別に番号をつけて整理されていることが多いので、ごちゃごちゃに混ざってしまうととても困る。だから、化石標本は通常、プラスチック製の箱やチャックつきポリ袋などに入れた状態で保管されているんだ。

　とくに、わずかな振動でも割れてしまう可能性がある化石は、箱の中で動かないように、綿などの緩衝材をつめているよ。

博物館で化石を見るときには、ぜひその舞台裏にも思いをはせてみてね！

103

古生物学者に聞いてみよう！
Q & A

Q1

どうすれば
古生物学者に
なれますか？

A いろいろな方法が考えられるけれど、ふつうは古生物について学べる大学院に入学することがスタートラインになります。大学院とは、大学を卒業したあとに、さらに専門的に学び続けたいと思った人が進学する教育機関だよ。

大学院で古生物学の専門的な知識や研究方法を身につけ、自分のテーマを決めて研究をおこなって、「博士」の学位をゲットできたら、ひとまず古生物の専門家といってよいと思います。

でも、ふつう「〇〇学者」は学位を持っているだけではなくて、その分野の研究を続けている人を指すから、大学や博物館などの研究機関に所属している人が多いね。

Q2 古生物の研究をするためには、どんな勉強をがんばればいいですか？

A どの教科の勉強もまんべんなくがんばるのがいいと思います。古生物学は自然科学の研究だし、英語で書かれた論文も多いので、英語や理科などに意識が向きがちかもしれないね。でも、古生物学に限らず、専門的な研究をするには、学力はもちろん、幅広い知識や経験が役に立つんだ。

いわゆる「学力」とよばれるものは、学問においては「基礎体力」にあたると思う。古生物のことをつきつめて調べたり研究したりするには、学問においても、根気と体力が必要なんだ。

毎日たくさん勉強しても、こんなの何の役に立つんだろうと思うこともあるかもしれないね。でも、目の前の学習を大事にして、さまざまな教科にしっかりと向き合う経験を積み重ねること、いろいろなことに興味をもつことが、将来の研究につながっていくよ！

Q3 勉強以外に、できることはないの？

A 化石からではわからないことも多いので、古生物のからだのしくみや生態については、現在生きている近縁種（似た仲間）から類推することも重要なんだ。

だから、動物や植物の観察は、古生物学にもつながっている。国内外のさまざまな生き物を飼育している動物園や水族館、植物園は、生き物の観察にはもってこいの場所だね。

ぼくの研究室では二枚貝を飼育して観察しているよ！

Q4

生痕化石は、
どの地層でも
見つかるの？

A ここまでずーっと化石に注目してきたけれど、体化石も生痕化石も見つからない地層もあるんだ。そんなときは、地層から過去の地球の環境や生態系について、何も知ることはできないのかな…？　そんなことはないよ。じつは工夫しだいで、地層から情報を引き出すことができるんだ。

　まず、体化石も生痕化石も見つからないということは、生物にとってはとても厳しい環境でできた地層だということが推測できるね。また、「分子化石」や「バイオマーカー」とよばれる、生き物に由来する有機化合物（カロテノイドやステロイドなど）が地層中に残されていることもあるよ。それらに注目することで、過去の生物の情報を得られる場合があるんだ。

Q5

化石を
見つけたら、
持って帰って
もいいの？

A 地層にうまった状態の化石を取り出して持ち帰るということは、ハンマーやタガネなどを使って大地を破壊するということなので、公共の場所であっても、かならず事前の申請が必要になります。化石探しをしたいなら、各地で開催されている化石発掘体験に申し込む方が確実かもしれないね。

　いっぽう、大地を破壊せずに、落ちている岩石（転石）の中にふくまれる化石を探すのであれば基本的にはOK。おすすめなのは川ぞいや海岸など、一般の人が自由に立ち入ってもいい場所で、転石の中の化石を探すことだよ。

　ただし、そこが国立公園や天然記念物など、採集が禁止されている場所では、石を持ち帰ることはもちろん、拾い上げたり、移動させたりすることもしてはいけません。また、転石とはいえ、大量に持ち帰るのは環境破壊につながる可能性があるので、やめておこう。写真に撮って記録するだけにしておくと、多くの人が観察できていいかもしれないね。

Q6

化石の観察や発掘体験できる場所が近くにありません

A そんなときにおすすめなのは、栃木県・那須塩原市にある「木の葉化石園」から、「木の葉石」とよばれる化石の原石を取り寄せること。

この博物館の周辺には塩原湖成層とよばれる、数十万年前に湖の底でできた地層が分布していて、100種をこえる植物の化石に加えて、昆虫類や魚類、カエルやネズミなど、さまざまな種類の化石がよい状態で産出するんだ。

木の葉化石園に申し込むと、こぶし大サイズの塩原湖成層のブロックサンプルを送ってもらえるので（有料）、タガネとハンマーで割れば、家庭でも化石探し体験ができるよ。塩原湖成層はほかの地層と比べて化石がたくさんふくまれているので、葉っぱの破片の化石や、運がよければ昆虫や魚の化石など、1袋あればたいてい何らかの化石が見つかるよ。

Q7

自分の足跡も生痕化石として残せますか？

A 正直に言うと、相当にむずかしいことだと思う。たとえば砂場に残された足跡の運命を考えてみよう。雨が降ったり風が吹いたり、ほかの子が遊んで砂をかき混ぜたら、足跡はすぐに消えてしまうね。

それを避けるためには、足跡のくぼみが地表面にさらされる時間をなるべく少なくすることが重要。たとえば足跡ができてすぐ火山の大噴火が起こって、火砕流や火山灰によって一気にうまってしまうとか……。それに加えて、足跡をつける地面の状態も大切。砂場のようにサラサラの地面に比べて、沼地のようなねっちょりしている地面の方が、深くくっきりした足跡が残せるよ。

そんなわけで、自分の足跡を化石として残すためには、活火山の近くのねっちょりした沼地に足跡をたくさんつけておき、その後すぐに火山の噴火が起こって火山灰が足跡のくぼみをうめてしまうことを祈るほかないかな。

107

参考図書・ウェブサイト

Nara & Ikari (2011). "Deep-sea bivalvian highways": An ethological interpretation of branched *Protovirgularia* of the Palaeogene Muroto-Hanto Group, southwestern Japan.

数研出版編集部・編『もういちど読む　数研の高校地学』（数研出版、2014年）

是永淳・著『絵でわかるプレートテクトニクス』（講談社、2014年）

泉賢太郎・著『生痕化石からわかる古生物のリアルな生きざま』（ベレ出版、2017年）

D. J. ウォード・著『自然科学ハンドブック　化石図鑑』（創元社、2023年）

泉賢太郎・著、菊谷詩子・イラスト『化石のきほん』（誠文堂新光社、2023年）

G. Masukawa・著、ツク之助・イラスト『ディノペディア』（誠文堂新光社、2023年）

相場大佑・著『アンモナイト学入門』（誠文堂新光社、2024年）

泉賢太郎、甲能直樹、中島保寿、矢部淳・監修『はじめてのずかん　おおむかしのいきもの』（高橋書店、2024年）

蒲郡市生命の海科学館　https://www.city.gamagori.lg.jp/site/kagakukan/

国立科学博物館　https://www.kahaku.go.jp/

産業技術総合研究所　https://www.aist.go.jp/

日本地質学会　https://geosociety.jp/

福井県立恐竜博物館　https://www.dinosaur.pref.fukui.jp/

図版クレジット　（順不同、敬称略）

・西本昌司（愛知大学）：ティラノサウルスのウンチ化石（p.12、57／2016年、名古屋市立科学館特別展「恐竜・化石研究所」に展示されたカナダ・ロイヤルサスカチュワン博物館所蔵の標本）

・Stephen J. Godfrey（アメリカ・カルヴァート海洋博物館）：サメの歯型つきウンチ化石（p.46）

・相場大佑（深田地質研究所）：アンモナイトのウンチ化石（p.58）

・国立科学博物館：アロサウルス（p.20）、ステゴサウルス（p.21）、トリケラトプス（p.25）、フタバサウルス（p.28）、メガネウラ（p.33）、パラケラテリウム（p.36）、スミロドン（p.38）

・福井県立恐竜博物館：ティラノサウルス（p.24）、ヘリコプリオンの歯（p.34）、デイノニコサウルスの足跡（p.50）

・蒲郡市生命の海科学館：アノマロカリス（p.30）

・Andres Rinderknecht：ジョセフォアルティガシア（p.37／CC-BY-4.0）

・Public Domein：ハルキゲニア（p.31）、ダンクルオステウス（p.32）、ティタノボア（p.35）、ケナガマンモス（p.39）

　子どものころに連れて行ってもらった恐竜展。入り口をくぐると、頭上から巨大な草食恐竜の首がドドーンと伸びてきていて、私の心は一気に恐竜世界へタイムスリップ。以来、古生物に夢中になり、図鑑をボロボロになるまで読んでいました。研究者や化石の発掘に携わる人になりたいと夢見たこともありましたが、残念ながら理系科目の成績が壊滅的で断念。なので、まさかまさか！　この年で、こんな形で夢が叶うとは‼　神様ありがとう！　…じゃなかった、創元社の小野紗也香（編集）さんありがとう！

　泉賢太郎先生は理知的かつ優しく、とてもシュッとした（関西での最上級のほめ言葉）方なのですが、その核には隠し切れない古生物好き、ウンチ好きの好奇心旺盛な少年の心があって、フィールド取材も研究室訪問も打合わせも、とてもとても楽しいものでした。泉先生、ありがとうございました！

　私の感じた楽しさが、がんちゃん・光ちゃんを通して読者のみなさまにも伝わっていますように。そしてこの本を通じて小さな同好の士が増えたなら、これほど幸せなことはありません。

　最後になりましたが、夏休みの宿題が終わらない小学生のようなギリギリスケジュールにもかかわらず（泉先生、小野さん、すみませんでした）今回も素敵な本に仕上げてくださったundersonの堀口努さん、本当にありがとうございました。

　小中学生のみんな！　宿題は余裕をもって終わらせような！

2024年8月　井上ミノル

泉 賢太郎 いずみけんたろう

千葉大学教育学部准教授。博士（理学）。1987年、東京都生まれ。2015年、東京大学大学院理学系研究科地球惑星科学専攻博士課程修了。専門は、生痕化石に記録された古生態の研究など。化石の観察だけでなく、数理モデルを使ったシミュレーションなど、さまざまな方法を駆使して研究している。「チバニアン」研究チームでも活躍した。著書に『生痕化石からわかる古生物のリアルな生きざま』（ベレ出版）、『ウンチ化石学入門』（集英社インターナショナル）、『化石のきほん』（誠文堂新光社）、『古生物学者と40億年』（筑摩書房）、『地球と生命の歴史がわかる！うんこ化石』（飛鳥新社）などがある。

井上ミノル いのうえみのる

漫画家＆ライター。1974年神戸市生まれ。甲南大学文学部卒。広告代理店などを経て、2000年にイラストレーターとしてデビュー。生来の国文好きを生かして、2013年にコミックエッセイ『もしも紫式部が大企業のOLだったなら』を刊行、続いて『ダメダンナ図鑑』『もしも真田幸村が中小企業の社長だったなら』『もしも坂本龍馬がヤンキー高校の転校生だったなら』『もしも紫式部が大企業のOLだったなら 大鏡篇』（いずれも創元社）を上梓する。その他の著書に『まんが墓活』（140B）、『ドキドキ「播磨国風土記」』（神戸新聞総合出版センター）、『こどもが探せる川原や海辺のきれいな石の図鑑』『こどもが探せる身近な場所のきれいな石材図鑑』（共著、創元社）がある。

こどもが学べる地球の歴史とふしぎな化石図鑑

2024年10月20日　第1版第1刷　発行

著　者　　泉賢太郎 ＋ 井上ミノル

発行者　　矢部敬一

発行所　　株式会社　創元社
　　　　　https://www.sogensha.co.jp/
　　　　　本　　社　〒541-0047　大阪市中央区淡路町4-3-6
　　　　　　　　　　Tel. 06-6231-9010（代表）　Fax. 06-6233-3111
　　　　　東京支店　〒101-0051　東京都千代田区神田神保町1-2 田辺ビル
　　　　　　　　　　Tel. 03-6811-0662

デザイン　堀口努（underson）

印刷所　　TOPPANクロレ株式会社

©2024 IZUMI Kentaro & INOUE Minoru. Printed in Japan
ISBN978-4-422-44042-2 C0044 NDC457
〈検印廃止〉落丁・乱丁のときはお取り替えいたします。

JCOPY　〈出版者著作権管理機構 委託出版物〉

本書の無断複製は著作権法上での例外を除き禁じられています。
複製される場合は、そのつど事前に、出版者著作権管理機構
（電話 03-5244-5088、FAX 03-5244-5089、e-mail: info@jcopy.or.jp）
の許諾を得てください。

創元社の石の本

こどもが探せる
川原や海辺の
きれいな石の図鑑
柴山元彦＋井上ミノル
定価1,650円

こどもが探せる
身近な場所の
きれいな石材図鑑
柴山元彦＋井上ミノル
定価1,650円

創元社 の 石の本

ひとりで探せる
川原や海辺の
きれいな石の図鑑〈改訂版〉
柴山元彦
定価1,980円

ひとりで探せる
川原や海辺の
きれいな石の図鑑２
柴山元彦
定価1,650円

ひとりで探せる
川原や海辺の
きれいな石の図鑑３ 海辺篇
柴山元彦
定価1,650円